犬と猫は
どうして
仲が悪いのか
上方文化評論家
福井 栄一 著
技報堂出版

はじめに

ペットとして、
あるいはコンパニオンアニマルとして、
世の人気の二分する犬と猫。
彼らの仲が悪い理由、
こっそりお教えしましょう。
弘法大師や龍も登場する、
摩訶不思議な物語・・・。

むかしむかし、犬という生きものは、三本脚《さんぼんあし》だった。
犬は、神さまに訴えた。
「このままでは歩きにくいので、
どうか、脚をもう一本、
つけてください。」
気の毒がった神さまは、さっそく願いを聞き届けてやろうと思った。
しかし、いよいよという時になって、神さまはまごついた。
犬につけてやるための、予備の脚が見つからないのだ。
ほかの生きものの脚をとって、犬へ与えでもしたら、
「どうして犬だけ・・・。えこひいきだ」
と悪口を言われるだろう。

困った神さまは、あたりをきょろきょろ。

すると、火鉢の中の五徳《ごとく》が目にはいった。

神さまはニンマリすると、四本あった五徳の脚を一本とり、犬につけてやった。

犬は、大喜び。

それからというもの、犬は、用を足すとき、神さまからもらった大事な脚を汚さないように、片足を上げる。


さて、むかし、ある村に、白兵衛《しろべえ》という男が住んでいた。

あるとき、白兵衛が目をわずらい、腕がよいと評判の目医者に診《み》てもらった。

医者は、白兵衛の目をのぞきこむと、

「ちゃんと手入れをせんから、

目玉がえらく汚れておる。

これでは見えにくいのも、

あたりまえじゃ。

ワシが洗ってしんぜよう」

と言うが早いか、白兵衛の目玉をくり抜き、ご自慢の特別な液の入った瓶《びん》の中へ、ぽちゃりと放りこんだ。

医者は、それからしばらくの間、白兵衛と世間話《せけんばなし》をしていたが、やがて、

「もう、いいころじゃろう」

とつぶやくと、瓶から目玉を取り出した。

そして、真水《まみず》で液を洗い流すと、目玉を日の光にかざし、

「よしよし、綺麗になったわい」

とうなずいた。

医者は、白兵衛の前へ座りなおすと、さっそく目玉を戻しにかかった。

ところが・・・。

目玉は、元通りには入らなかった。

上から、下から、角度を変えて押しこんでみたのだが、駄目であった。

「おかしいのぉ。いつもは、スルリと入るのじゃが・・・。」

「先生、大丈夫でしょうか・・・。」

「心配しなさんな。ちゃんと治してやるから・・・。イヨッ、と・・・。

ウーム、やはり入らんのぉ・・・。」

「まさか、他の人の目玉と
取りちがえている
というようなことは・・・。」
「いやいや、それはない。
今日の患者は、
まだおまえさんだけじゃ。それに、
瓶の中には、おまえさんの
目玉しか入れておらん。
まちがえようもないわい。」
「それなら、どうして・・・。」
「まあ、落ち着きなされ。これこれ、じっとせんか。

そんなに動かれると、よけいに手元が狂って、
入るものも入らなくなるではないか・・・。」
医者は、冷や汗を流しながら試みたが、何度やっても、うまくいかなかった。
そのうち、医者は、はっと心づいた。
「おお、分かったぞ。きっと、液に漬けすぎたのじゃ。
それで、目玉がふやけて大きくなってしまったのじゃ。」
「で、どうなさいます?」
「簡単なことじゃ。少しの間、
陰干《かげぼ》しにして、乾かせばよい。
そうすれば、目玉は元の大きさへ
戻るという寸法じゃ。」

医者は目玉を持って裏へまわり、縁先に布を敷くと、目玉を陰干しにした。

そして、急いで戻ってくると、待っている間、白兵衛が怒って騒ぎださないように、あれやこれや話しかけて、時間をかせいだ。

ちょうどそのころ、白兵衛の飼っていたシロという犬が、ふらふらと庭先へ迷いこんできた。

見れば、縁先には、目玉がふたつ、並べられている。

そこで、シロは、目玉をペロリと平らげてしまった。

満腹になったシロ。

腹の皮が張ると目の皮がたるむのは、人間も動物も、同じである。

シロはさっそくに、庭先で昼寝をきめこんだ。

やがて、そうとは知らぬ医者が、縁先へやって来た。
しかし、どうしたわけか、陰干ししておいたはずの目玉が見あたらない。
医者は青くなった。
ただでさえ、いらだっている白兵衛のこと。
このうえ、目玉をなくしたなどと告げようものなら、何をされるか知れたものではない。
と、その時、オロオロする医者の目にとまったのが、シロであった。
「おお、そうじゃ。とりあえず、
今日のところは、こいつの
目玉で代用しておいて、
白兵衛をおとなしく帰らせよう。

Z
Z
Z
Z

本物の目玉は、

それからじっくり捜せばよい。

この犬にとっては

とんだ災難だろうが、赦《ゆる》せよ。

ただ、心配なのは、この犬と白兵衛と、目玉の大きさが

合うかどうかじゃが・・・。

ええい、イチかバチか、当たって砕けろ、じゃ。」

医者は、慣れた手つきで、寝ているシロの目玉をくり抜くと、

素知らぬ顔で白兵衛のところへ戻り、

「すまぬすまぬ、えらくお待たせしたのぉ。

さぁて、おまえさんの目玉を、今からお返し致しますぞ」

と、つとめて明るい声を出した。

「大きさが合わなかったら、どうしよう・・・」

という心配のあまり、手が震えそうになったが、なんとか辛抱して、祈るような気持ちで、目玉を押しこんでみた。

すると、幸運なことに、大きさはぴったりであった。

目薬をさし、白兵衛に、ゆっくりと目を開けるよう促す。

「ああ、先生、よく見えますよ！
前は、いつも、霞《かすみ》がかかったみたいに、
ボンヤリしていたのに、今は隅《すみ》から隅まで、
はっきりと見えます。」

「そうかそうか、そりゃぁ、よかった。」

「一時はどうなることかと思いましたが、やっぱり、
評判通りのお腕前ですね。有難うございます。」
「これこれ、お辞儀をしたら、イカン。
目玉は入れたてじゃから、急に下を向いたら、ポトリと
落ちてしまうかもしれん。
目玉が落ち着くまで、しばらくの間は、なるだけ上の方を見て、
家で安静にしておくことじゃ。激しい運動は、避けなされ。
それから、夜、寝るときは、かならず
仰向《あおむ》けの姿勢じゃぞ。
経過を診たいから、あさって、もう一度、
ここへ来なさい。」

「ハイ、分かりました。どうも、有難うございました。」

事情を知らぬ白兵衛は、喜んで帰路についた。

見送った医者は、ほっと一息。

が、それも、束《つか》の間。

裏庭から、激しく鳴き騒ぐ犬の声が聞こえてきた。

「やれやれ。一難去って、また一難か。

今度は、一体、なんの騒ぎじゃ？」

裏庭では、眠りこけている間に目玉をとられた例の犬が、吠《ほ》え騒いでいる。

目を覚ますと、いきなり目が見なくなっていたのだから、当然であろう。

あたりをめちゃくちゃに走りまわるうち、犬は、庭木の幹に、いやというほど、横腹《よこばら》をぶつけた。

と、その拍子に、さきほど平らげた目玉が、口から転げ出た。

「おお、こんなところに・・・。そうか、陰干ししていた目玉は、こいつが喰ってしまっていたのか。

どこを捜しても見つからなかったはずじゃ。

よぉし、こいつは好都合じゃ。あさって、白兵衛が来たら、気づかれぬように、ほんものの目玉と入れかえてやろう。

それで、万事、解決じゃ。」

医者はほくそ笑み、当座のしのぎに、本来は白兵衛のものである目玉を犬にはめてやり、犬を納戸に囲っておいた。

さて、次の次の日。

白兵衛が、言われたとおり、やって来た。

「どうじゃね、その後は?」

「ハイ、調子はよいです。よすぎるくらいで・・・。」

「よすぎるとは、なんとも妙な言いまわしじゃな。どういう意味かね?」

「ハア、どういうわけか、夜、暗いところでも、昼間の明るい時分とおなじように、目が利《き》くんです。」

「ホホウ、やはり、元《もと》が元だけに・・・。ウン? いやいや、こっちの話じゃ。他には、なにか変わったことはないか?」

「それが、いくつかありまして・・・。

たとえば、わたしは、むかしから、寝つきが悪くて困っていたんです。

ところが、先生に目を治していただいてから、寝床《ねどこ》へ入って目を閉じると、スッと寝入ってしまうようになりました。」

「そりゃぁ、結構なことのように思うが・・・。」

「たしかに、それはそうなんですが、代わりに、ちょっとした物音でも、パッと目が開いてしまうんです。」

「そうじゃろう、そうじゃろう。

なにせ、元が元じゃから・・・。

ウン？ いやいや、こっちの話じゃ、

気にせんでもよろしい。
まあ、少しの物音でも
はっと目が覚めるというほうが、
盗人に鼻をつままれても
気がつかないというよりは、
マシじゃろう。」
「ええ・・・。ただ、ひとつだけ、
困ったことが・・・。」
「なんじゃね？」
「道を歩いていて立ち木を見かけると、自然に
片足が上がるんです。」

医者は必死に笑いをこらえ、いたって真面目な顔をつくると、白兵衛の目をのぞきこみ、

「ウーム、目玉を抜き差ししたから、神経のせいで、そういうことが起こるのかもしれん。今日、微調整しておけば、そうした症状も、数日でおさまるじゃろう」

などと、でたらめな見立てをしておいて、またしても目玉をくり抜いた。

そして、あらかじめ納戸の犬から抜いて隠し持っていた、白兵衛の目玉を、すばやくはめこんだ。

「ああ、先生、なんだかすっきりしました。このほうが、目玉がしっくりくるというか・・・。」

「そうじゃろう、そうじゃろう。そうなるように、目玉のあちこちを調整して、入れなおしたのじゃよ。」

「有難うございます。先生は、本当に名医でいらっしゃる。」

白兵衛は、ペコペコ頭を下げながら、機嫌よく帰って行った。

医者は鼻歌まじりで、納戸へ行くと、犬に本来の目玉を戻してやり、

「不便な思いをさせて、すまなかったのぉ」

と詫《わ》びて、家にあった肉をしこたま喰わせてやってから、庭へ放してやった。

シロには、なにがなんだかさっぱり分からなかったが、とにもかくにも、目は元通りになったし、思わぬご馳走にもありつけたので、元気いっぱい、飼い

主のもとへ走り戻った。

さて、また別の日のこと。

白兵衛は、近くの沼へ出かけて行き、釣りをした。

しかし、この日に限って、一匹の魚も釣れない。

何時間も粘ってみたが、ちっとも釣れなかった。

白兵衛はあきらめて帰ろうとしたが、ふと思いなおし、

「最後にもう一度だけ・・・」

と、釣糸を垂れてみた。

すると、竿にぐっと手ごたえがあった。

やけに重い。
苦心惨憺《くしんさんたん》の末にようやく釣り上げてみると、
釣り針にかかっていたのは、目を見張るほど立派な鯉であった。
見れば、鯉は命乞いをしているのか、しきりとからだをくねらせ、目からは、
ほろほろと涙をこぼしている。
白兵衛はあわれに思って、鯉の口から針を取り除いてやると、沼へ放してやった。
鯉は嬉しそうに、水中で何度も円を描いて泳ぎ回り、やがて水底《みなそこ》深く去って行った。
翌日も、白兵衛は、同じ沼で釣りをしていた。

とその時、どこからともなく、上品な若者が現れて、白兵衛に深々とおじぎをすると、うやうやしく口上を述べた。

「わたしは、この池底に棲む龍王から遣《つか》わされた使者でございます。

昨日は、わたくしどもの王子の命をお助け頂き、まことに有難うございました。

『息子の命の恩人にお目にかかりたい。龍宮へお連れしろ』と、龍王が申しております。

つきましては、龍宮まで

ご同道願えませんか?」

白兵衛がうなずくと、若者は沼に向かって、なにやら呪文を唱えた。

すると、どうであろう。

沼は真っ二つに割れて、目の前に、龍宮へと続く大路が現れた。

沼の水は、道の両側に巨大な壁をつくって、逆巻《さかま》いている。

白兵衛は、使者に先導されながら、大路を進んだ。

もう、どのくらい歩いただろうか。

二人は、ようやく龍宮へ到着した。

龍王と王子と群臣たちが、歓待してくれた。

連日連夜催《もよお》される盛大な宴に、白兵衛は時を忘れて酔いしれた。

夢のような数日が、矢のように過ぎた。

が、そのうちに、白兵衛は、地上での暮らしが懐かしくなってきた。豪華な宴会にも、さすがに飽きてきた。

そこで、龍王と王子に帰宅したい旨を、思い切って申し出た。

龍王と王子は懸命に引き止めたが、白兵衛の意志がかたいのを看《み》てとると、土産に一個の珠《たま》を持たせてくれた。

聞けば、珠を三度さすり、欲しいものを口にすると、それがなんであっても、たちまちのうちに入手できるのだという。

やがて、白兵衛は、珠を手にして、無事に帰宅した。

久しぶりに我が家へ戻った白兵衛は、部屋の中をあらためて見まわしてみた。

そして、ため息をついた。

つい数日前まで住み暮らしていた龍宮にくらべて、我が家はなんと狭く苦しく、みすぼらしいことか。

白兵衛は珠を三度さすり、こう願った。

「きれいな家を授けておくれ。」

そう言い終わるか終わらぬかのうちに、それまで住んでいたボロ家《や》は消え去り、白兵衛は、いつのまにか豪邸の座敷にいた。龍王や王子の言ったことは、うそではなかったのだ。

続いて、白兵衛は、銭を出し、米俵を出し、蔵を出して、またたく間に大金持ちになった。

このうわさを聞きつけたのが、川向かいの村に住む黒兵衛である。
黒兵衛は、行商人になりすまし、白兵衛の屋敷へやって来た。
そして、白兵衛に、こう持ちかけた。
「あなたさまは、龍王から授かった珍しい珠を
お持ちだそうですね。望めば、どんなものでも
出してくれる魔法の珠だとか。
じつは、今日お持ちしたこの珠も、じつに珍しいシロモノなのです。
この珠は、もともと、西方のある王国に
代々伝えられていたものなのですが、事情があって売り払われ、
流れ流れて、私のところへ廻ってきたのです。
なんでも、望めば、どんなところへでも連れて行ってくれる

魔法の珠らしいのです。

いや、「らしい」などと思わせぶりな表現を致しますのは、どうも恐ろしくて、私自身は確かめてみたことがないからなのです。

どうです？　この珠をお買い求めになられては？

あなたの珠とこの珠と、
魔法の珠がふたつも揃えば、怖いものなしですよ。」

半信半疑の白兵衛だったが、差し出された珠を見ると、なるほど、いわくありげな色形《いろかたち》をしている。

その時、黒兵衛が、

「せっかくの機会です。まずは、ふたつの魔法の珠を、並べて眺めてみましょうよ」

などと言葉巧みに持ちかけたので、白兵衛は、秘蔵の珠を黒兵衛へうっかり手渡してしまった。

こうなったら、黒兵衛の思うつぼである。

白兵衛がふとよそ見をしたすきに、黒兵衛はすばやくニセの珠とすり替えると、

「うわぁ、こうして並べてみますと、くやしいけれども、あなたさまの珠の方が断然、立派です。私の珠など、風格の点で、足元にも及びません。お見それしました」

などとおべんちゃらを言い残し、さっさと白兵衛の屋敷から立ち去ってしまった。龍王に授かった珠は奪われてしまったのだ。

すると、たちまち、それまでの豪勢な屋敷や蔵は消え去り、白兵衛の家は、

もとのボロ家《や》へ逆戻り。

しまったと思った時には、もう後の祭りであった。

行商人の行方は、わからなかった。

珠の行方も、然り。

それからというもの、白兵衛は、後悔の涙にくれるばかりで、なにも手につかなかった。


さて、白兵衛の家には、犬のシロのほかに、猫のタマが飼われていた。

シロとタマは、自分たちを子どものように可愛がってくれる主人 白兵衛の嘆きを見かねて、恩返しに乗り出した。

珠の在処《ありか》をつきとめようというのである。

手始めに、渡し船へ飛び乗り、対岸の村から調べてみた。

すると、村はずれに、近郷ではついぞ見かけたことがないような御殿がそびえていると知れた。どうも考えても、怪しい。

二匹は、急いで御殿へ赴いた。

建物の中へ忍びこむのは、猫にとってはお手のもの。

さっそく、タマが御殿内を偵察した。

そこで目にしたのは、あの黒兵衛の姿であった。

ここはやはり、犯人の家だったのだ。

では、奪われた珠はどこに?

タマは、何日もかけて、黒兵衛の行動をこっそり監視した。

そして、珠が、座敷箪笥《ざしきだんす》の引き出しの奥にしまいこまれているところまでは、つきとめた。

しかし、引き出しには鍵がかかっていて、それ以上、どうすることも出来なかった。

疲れ切ったタマは、潜入をいったん中止して、御殿の外で待つシロの元へ戻ってきた。

思えば、二匹とも、この数日、ロクなものを口にしておらず、腹ペコであった。

「とりあえず、何か喰ってから、次の手を考えよう」

というわけで、二匹は食べものを求めて、庭先の蔵へ。

またしても、忍びこむのはタマ。

シロは、外で番をする。

蔵へ入って、タマは目を疑った。

蔵の中では、大勢の鼠たちが、穀類を俵から失敬してきて、大宴会の真っ最中だったのである。

中央に陣取る、でっぷり肥えた鼠が、王様なのだろう。

その周囲を、何十匹という鼠たちが大小の輪になって、楽しげに歌い踊っている。

タマは中央の王様鼠へ素早く飛びかかり、その首根っこを前足で踏みつけると、驚きと恐怖で凍りついている臣下の鼠たちに言った。

「この家の主人の座敷箪笥を食い破り、引き出しの中の珠を奪って、ここへ持ってこい。さもないと、おまえたちの王様は、あっという間に、俺様の胃袋へ

おさまることになるぞ。」

そこで、平素から鋭い歯がご自慢の数匹が名乗り出て、座敷へ走って行き、例の箪笥へかじりついた。

　ガリガリ、ゴリゴリ・・・。

　ゴリゴリ、ガリガリ・・・。

こうして鼠たちは、まんまと珠を盗み出してくると、タマへ差し出した。

タマは急いで、外のシロと合流。

珠を奪還出来て、二匹はいたくご機嫌である。

さっそく帰路についた。

ところが・・・。

川岸まで来て、二匹は、はたと困った。

舟はつないであるのだが、船頭の姿が見当たらないのだ。

飯でも喰いに家へ戻ったか、それとも出帆の刻限まで時間があるから、どこかでうたた寝でもしているのか。

いずれにせよ、いつ追手が迫ってくるか分からない二匹には、いつ戻ってくるか知れぬ船頭を悠長に待つ余裕は、なかった。

仕方がないので、泳ぎの苦手なタマは珠をくわえてシロの背中へしがみつき、泳ぎの達者なシロが、犬かきで、川を渡ることにした。

懸命に泳ぎ進むシロ。

川の中ほどまで来た時、シロの脳裡に、

「タマは、ちゃんと珠を持ってきたのか。

まさか、岸へ置き忘れてきてはいまいな」

という不安がよぎった。
そこで、背中のタマに、
「おい、ちゃんと珠を持ってきただろうな。
大丈夫だよな?」
と訊ねた。
しかし、タマの返事がない。
それから幾度か訊ねたが、やはり返答がなかった。
シロは怒って、
「おい、返事くらいしろ。なんとか言ったらどうだ!」
と怒鳴った。
これには、さすがのタマもたまりかねて、思わず、

「ちゃんと持ってきたに決まってるだろ!」

と怒鳴り返した。

その拍子に、くわえていた珠を、川へボチャリと落ちてしまった。

対岸まで泳ぎ渡り、事態を知ったシロは、川をながめて、しばし呆然として

いたが、

「こりゃぁ、ダメだ。もう、どうしようもない」

と首を振ると、すごすごと白兵衛の家へ戻って行った。

一方、タマは、どうしてもあきらめきれず、川面をにらみつけながら、しば

らくの間、岸をうろついていた。そして、数日が経った。

が、こんな苦境でも、やはり腹は減る。

食べものを捜して川沿いを歩いていくと、地元の漁師が、

「忌々しいやつめ」

と言いながら、置き網にかかった腐りかけの死魚を、岸辺の草むらへ投げ捨てているところに出喰わした。腹がぺこぺこのタマには、そんな魚でも有難かった。

タマは、

「これぞ天の助け」

とばかりに駆け寄り、まずは柔らかい腹の部分へかじりついた。

と、その途端、ガリッと、なにか大きくて硬いものが歯に当たった。顔をしかめつつ吐き出してみると、その硬いものとは、意外にも、数日前、川へ落とした例の珠であった。

どうやら、この魚は、川底へ沈んだ珠をエサとまちがえて飲み込み、それが

腹の管に詰まって死んだらしい。
その死魚が置き網に引っ掛かってなかば腐っていたものだから、漁師が、
「縁起でもない」
と言って、草むらへ投げ捨てたのだ。
タマは、珠を携えて、意気揚々と飼い主のところへ戻った。
戻った珠のおかげで、白兵衛はまたしても大金持ちになった。
白兵衛は、タマに言った。
「お前は最後まであきらめず、大事な珠を取り戻してくれた。
そのご褒美に、今後、おまえは、部屋を自由に出入りしていいぞ。
食べものも、人間と同じようなものを喰わせてやろう。」
一方、シロには、こう言った。

「たしかによくはやってくれたが、お前の手柄は、タマほどじゃないな。最後の最後にあきらめて、先に帰ってきちゃったのだから。タマと差をつけても文句はなかろう。これからは今までと違って、部屋に立ち入ってはダメだぞ。どんなに暑くても寒くても、外で寝起きしなさい。食べものも、肉などぜいたくだ。骨ならやってもいいけどな。」

シロは、この扱いの差にどうしても納得がいかない。

それゆえ、以後はタマを恨むようになった。

タマはタマで、シロのそうした態度を逆恨みだといって、非難した。

「猫というのは、けしからん。」

「犬というのは、けしからん。」

それぞれが、それぞれの子孫にこう教えこむようになったので、
いまだに犬と猫は、顔をあわすたびに、いがみあっている。
困ったものだ。
一日も早く仲直りしてほしい。

《付録》「犬　小事典」

▼「犬」の起源

イヌ科の動物。犬の直系の先祖は、東アジアの狼らしい。ただし、人間に飼い慣らされた狼が犬になったのではない。最初に人間に出会った時、犬は遺伝形質的に見て、すでに狼ではなく犬であったという。

▼犬と狼の比較

生まれて間もない犬と狼を比較した場合、前者は人懐っこく、鳴いたり尾を振ったりして、人間とコミュニケーションをとろうとする。一方、後者は独立心が強く、人間にはなつきにくい。

▼人間との関わり

犬は、歴史上、最も早く家畜化された動物といわれる。人間と

の出会いは約1万5千年前。研究者によっては約3万年前という。ちなみに、猫と人間との付き合いは、9千5百年ほど前から。

▼「いぬ」の語源

「飼い主の元にイヌル、という意」、「イヌル、すなわち家に寝る意」等、人間との深い関係性を反映する語源説がある一方、「ワンワンのワがイへ転じた」等、鳴き声に注目する説も。

▼戌の語

十二支の第十一番目。旧暦では九月、時刻では午後八時、あるいは午後七時から九時、方角では西北西にあたる。音読みは「シュツ」または「ジュツ」。「戊《ボ》」「戍《シュ》」「戉《エツ》」は別字。

▼戌年生まれの人の運勢

自尊心が強く、自説に固執して譲らぬので偏屈者に見られがち。ために、成功には他力本願を要する。謙虚に目上の者に従えば、中年以降に出世する。金運は良いが、男性は女性の嫉妬に注意。

▼戌歳生まれの有名人

チャーチル（英国の政治家）、石川啄木（歌人）、谷崎潤一郎（作家）、黒澤明（映画監督）、丹波哲郎（男優）、司葉子（女優）、美川憲一（歌手）、原辰徳（野球選手）、羽生善治（棋士）等。

▼平均寿命

日本小動物獣医師会の調査によると、2014年時点で、犬と猫の平均寿命は、それぞれ13歳、11歳を超えた。過去25年間で、犬は1．5倍、猫は2．3倍になったという。

▼犬の目 ①

遠くはあまり見えておらず、100メートルほど離れると、もはや飼い主の顔を認識出来ないらしい。また、従来、犬は色盲とされていたが、最近の研究によれば、そうとも言い切れないという。

◆犬の目②

遠くを見るのはそれほど得意でないが、暗所では人間の約5倍はよく見えている。また、視野は250度ほどで人間(210度)より広いし、狩りをする必要性から動体視力も優れている。

▼犬の耳

可聴域は15~6万5千ヘルツで、人間の20~2万ヘルツよりも広い。特に、高い音に敏感。獲物となる小動物が発する物音や鳴き声を捉えるのに、好都合である。

▼犬の歯

門歯（毛づくろい、小さな食物をかみつまむ）、犬歯（肉を食いちぎる）、臼歯（肉をかみくだく）の3種類がある。幼犬の乳歯は28本で、成犬の永久歯は42本。ちなみに、成人の永久歯は32本。

▼犬の嗅覚

犬の鼻の中の嗅粘膜の広さは人間の10〜50倍で、嗅細胞数は約2億個（人間は約500万個）。汗のような刺激臭に対してならば、人間の約1億倍は鼻が利く。

▼犬の肉球①

前肢の肉球は、指球・掌球・手根球。後肢には、指球・足底球（掌球）はあるが、手根球はない。また、足指の痕跡器官である狼爪《ろうそう》は、前肢にはあるが、後肢にはない。

▼犬の肉球②

犬の場合、体温調節のための汗をかくエクリン腺は、鼻の頭と肉球にしかない。これだけの発汗では不十分なので、犬は舌を出し、「ハアハア」と激しく息をして、体熱を放散している。

▼犬の汗

エクリン腺は鼻の頭と肉球にしか存在しないが、脂汗《あぶらあせ》を出す

アポクリン腺は、全身に分布する。犬特有の体臭は、この脂汗が酸化したり、細菌によって分化されたりして生じる。

▼犬の鼻先

健康な犬の鼻先は、ひんやりしていて、濡れている。それがあたたかく、乾いている場合、発熱などの体調不良が疑われる。ただし、起きぬけの犬の鼻先は乾き気味なので、その場合は心配ない。

▼犬が毛を得たはなし①

シベリアの昔話。神が地上で人間をつくった際、命の素である魂を天に置き忘れてきたことに気づいた。そこで、神は、つくりかけの人間の見張りを犬に頼むと、天へ魂を取りに戻った。

▼犬が毛を得たはなし②

すると、そこへ、千載一遇の好機とばかりに悪魔がやって来て、当時まだ丸裸だった犬に、こう持ちかけた。「人間をこっちへよこすなら、お前に黄金の毛をくれてやるぞ。」

▼犬が毛を得たはなし ③

犬は誘惑に負けて人間を悪魔へ渡し、念願の毛を得た。悪魔は人間のからだを舐め回していたが、神が戻ってきたので、人間を放り出して、逃げ去った。

▼犬が毛を得たはなし ④

神は、けがされた人間のからだを掴むと、くるりと裏表をひっくり返した。それにより、汚れた外側が内へ、綺麗な内側が外へ出た。人間の体内に唾や汚物があるのは、そのせいである。

▼走る犬 ①

動物界最速のチーターは時速１１０キロで走るが、５００メートルほどでバテてしまう。犬は、速さこそ時速約３０キロ程度だが、はるかに長い距離をずっと走り続けることが出来る。

▼走る犬②

犬の俊足の世界記録は、グレイハウンドの時速80キロ。ちなみに、人間の100メートル走の世界記録を単純に時速へ換算すると、時速約37キロ。マラソン競技の場合、時速は約20キロ。

▼好きなことと嫌いなこと

特に子犬のうちは、飼い主と遊ぶのが好きである。耳が良いので、花火、雷、自動車のクラクションなど、大きな音は苦手。同じ理由で、大声を上げて騒ぐ人間の子どもを敬遠する犬もいる。

▼犬の睡眠

1日のうちに、短い睡眠を何度も繰り返すのが普通。活発な犬でも1日7〜8時間は眠る。室内犬なら1日の半分以上を寝て過ごすことも珍しくない。なお、子犬は1日22時間ほど眠るらしい。

▼犬は夢を見るのか

殆どが浅い眠り（レム睡眠）で、深い眠り（ノンレム睡眠）は睡眠時間のうちの約2割。なお、犬も夢を見るらしい。寝ながらうなったり、脚を動かしたりする姿はよくみられる。

▼犬の尿

なわばりのマーキングのために使われる。マーキングが1時間あたり60～70回に及ぶことも。次に来た犬は、そのニオイを嗅ぎ、そこからさまざまな情報を得る。

▼犬の糞

排便は、単なる排泄行為ではない。排便の際、肛門腺からある種のニオイ物質が分泌され、それが糞に付着する。つまり、糞にも、さまざまな情報がニオイの形で託されているのである。

▼犬の味覚

犬の舌の味蕾細胞は、他の動物と比べ、かなり少ない。従って、

腐った肉でも、時には他の動物の糞でさえ、平気で食べてしまう。犬にゴミ漁りを止めさせるのは、なかなか難しい。

▼太る犬

飼い犬が罹りやすい病気に、肥満がある。ある実験によれば、運動量等の生活条件が同一でも、食事量25パーセント増の犬は、そうでない犬に比べ、平均寿命が約18ケ月も短かったらしい。

▼牧羊犬

牧場で牛や羊の番をする。飼い主に忠実で、賢い。スコッチ・コリー（イギリス）、オーストラリアン・シェパード（オーストラリア）、ブービエ・デ・フランドル（ベルギー、フランス）等。

▼猟犬①

鹿、猪、熊などを狩るのを手伝う。勇敢な性格。グレイハウンド（エジプト）、ボルゾイ（ロシア）、ビーグル（イギリス）、ダックスフント（ドイツ）等。

▼猟犬②

小動物や鳥などの居場所を飼い主に知らせたり、追い立てたりする。ゴールデン・レトリーバー（イギリス）、ラブラドル・レトリーバー（イギリス）等。

▼猟犬③

穴に棲む狐、兎、鼠などを獲る。身体は小さいが、活発で勇敢な性格。ヨークシャー・テリア（イギリス）、ワイアー・フォックス・テリア（イギリス）等。

▼プードルの秘密

元々は、水に落ちた鳥などの獲物を泳いで取りに行くために使役されていた。胸部に毛を残す等の独特の毛刈りスタイルは、水の中で動きやすく、しかも心臓を冷やさぬ配慮から生まれたもの。

▼ブルドックの顔

元来は、牛と闘うショーのために作出された犬種。鼻が上を向いているので、牛の体にかみついたままでも、鼻で息が出来る。時代の推移の中でその種のショーは無くなり、いまや愛玩犬に。

▼セント・バーナード①

スイスの犬種。呼称は、スイスとイタリアの国境の教会名にちなむ。ここで飼われていたセント・バーナードたちは、１９世紀ごろから、雪深いアルプス山中での遭難者の救助にあたっていた。

▼セント・バーナード②

なかでも有名だったのは「バリー」というオス犬で、生涯で４０人以上の命を救ったという。胸に提げた小さな樽には、遭難者に飲ませるためのワインが入っていた。１８１４年に死亡。

▼名犬ラッシー①

イギリス系アメリカ人のエリック・ナイトが少年少女向けに書いた小説。1938年発表。作中に登場するラッシーは、ラフ・コリー（スコッチ・コリー）のメスである。

▼名犬ラッシー②

ナイトの小説はアメリカで映画化され、『家路』というタイトルで1943年に公開された。日本での公開は1951年。侯爵家の娘役として、当時は無名だったエリザベス・テーラーが出演。

▼名犬ラッシー③

ラッシー役はコリー犬「パル」が演じた。オーディションに集まった約300匹の中から選ばれた。同作でブレイクしたパルは、以後、十数年間活躍。ラジオ番組へのレギュラー出演も果たした。

▼フランダースの犬

イギリスの作家ウィーダが1872年に発表した児童文学。作中の老犬パトラッシュは、牧羊犬のブービエ・デ・フランドルをモデルにしている。日本では1975年製作のテレビアニメが有名。多くの子どもが涙した。

▼スヌーピー

アメリカの漫画家チャールズ・シュルツが1950年から書き始めた漫画『ピーナッツ』のキャラクター。少年チャーリーの愛犬で、犬種はビーグル。オスである。

▼101匹わんちゃん①

ディズニーによるアニメーション映画。1961年公開。原作は、イギリスのドディ・スミスが1956年に執筆した『101匹のダルメシアン』。親犬2匹と子犬99匹が登場。

▼１０１匹わんちゃん②

「いくら犬が多産だといっても、実子が９９匹とは多すぎる」と考えるのは誤解。親犬が、誘拐された実子１５匹を救出した際、他所からさらわれてきていた８４匹も、一緒に助け出したのだ。

▼主人の遺骸を守った犬①

『日本書紀』崇峻天皇条によれば、捕鳥部萬《ととりべのよろず》が和泉国で戦死した際、愛犬（白犬）は遺骸を守って敵を寄せつけず、遺骸のそばで飢えて死んだという。

▼主人の遺骸を守った犬②

捕鳥部萬の遺族はこの白犬の忠義を愛で、萬の遺骸のそばに犬を葬った。墓は、大阪府岸和田市の有真香《ありまか》にあり、墓石には「萬家犬塚」と刻まれている。

▼偵察犬、大活躍①

『太平記』によれば、新田義貞の家臣・畑時能《ときよし》が越前国鷹ノ巣城に陣取り、わずか27人で足利軍7千余騎を翻弄できたのは、愛犬「犬獅子《けんじし》」の御蔭だったという。

▼偵察犬、大活躍②

時能が、37箇所にのぼる足利軍の陣地を巧みに奇襲できたのは、犬獅子が敵情を精確に知らせてくれたからであった。敵に油断がないとひと声吠え、敵が寝入っていると静かに尾を振って戻って来た。

▼忠犬ハチ公①

ハチの犬種は秋田犬。性別はオス。1923年に秋田県の大館に生まれ、1924年に、渋谷大向《おおむかい》にあった東京帝国大学農学部教授・上野英三郎博士宅に貰われてきた。

▼忠犬ハチ公 ②

ハチは博士の出勤と帰宅に合わせ、毎日、午前９時頃と午後５時頃に渋谷駅へ赴く生活を送っていた。ところが、博士が１９２５年５月に急死。ハチは浅草の親戚の家へ貰われていった。

▼忠犬ハチ公 ③

しかし、すぐに逃げ出して渋谷へ向かうので、幼犬時代からの知り合いである某氏宅へ預けられた。が、ここも逃げ出し、大向の家へ。そこに家人がいないと知ると、仕方なく某氏宅へ戻った。

▼忠犬ハチ公 ④

ここから、ハチの渋谷駅通いが始まる。やがてハチの行動が新聞で報じられるや、全国から寄付金が殺到。１９３２年には、まだ存命中にもかかわらず、渋谷駅前にハチの座像が据えられた。

▼忠犬ハチ公 ⑤

1935年、ハチは13歳で死亡。死骸は青山墓地に埋葬され、毛皮は剥製にされた。銅像は大戦中に戦時供出されたが、1948年には2代目の座像が建立された。

▼犬の伊勢参り ①

1871年、茨城県黒沢村で飼われていた白犬「シロ」は、家人から「伊勢へ行け」と（戯れに?）告げられるや伊勢へ向かった。水戸辺りで「伊勢参りの犬」という札を付けられたらしい。

▼犬の伊勢参り ②

宿送りに送られたシロは無事に参宮を果たし、お札2枚を入手して、帰路へ。善男善女たちにより、駅から駅へ送られてきたが、水戸付近で死亡。お札と報謝金は、飼い主へ届けられたという。

▼ロジューム油 ①

ヒルガオ科のロジュームウッドは、スペイン領カナリア諸島原産の香木。この香木から精製されるロジューム油は、犬に対して強力な誘引効果を持つことが、古くから知られている。

▼ロジューム油②

ひと昔前は、このロジューム油を使った犬泥棒がはびこったという。ロジューム油をズボンの裾に数滴垂らした上で、素知らぬ顔をしてお目当ての高級犬に近づき、寄って来たところを誘拐した。

▼ロジューム油③

ロジュームウッドの原産地カナリア諸島は、別名を「犬の島」という。かつて生息していたアザラシが、ラテン語で「海の犬」と呼ばれていたから、この名がある。

▼犬も歩けば棒に当たる

「いろはがるた」の札でお馴染み。「うろつく犬は棒でぶたれる」、すなわち余計なことをして災難に遭う」が原意。しかし、「出

歩くうちに思わぬ幸運にぶつかる」という謂の用例が増えてきた。

▼犬猿の仲

仲の悪いたとえとして、この二匹が引き合いに出される理由は、不詳。一説には、縄張り意識の強い猿が猟犬を激しく威嚇するさまを見て、猟師が言い出したとも。

▼犬は三日の恩を三年忘れず

犬が人間の忠実な友であることを強調するために、よく使われる成句。「猫は三年の恩を三日で忘れる」と対句で用いれば、「猫は身勝手、犬は健気」という愛犬家好みの図式が際立つ。

▼犬の逃げ吠え

臆病な犬は逃げながら吠えることから、敗者が減らず口を叩きながら逃げて行く様子を指す。「吠える」という犬の習性に注目した成句には、他に「負け犬の遠吠え」等がある。

▼犬は人につき、猫は家につく

「犬は飼い主にどこまでも附いて行くが、猫は飼い主が引っ越しても附いて行かず、元の家で暮らす」という意。主人と飼い犬の心理的な絆の強さを語るのに、しばしば持ち出される成句である。

▼犬に論語

「道理の通じない者に、いくら理屈を言っても聞き入れてもらえない」という意。ここでいう「犬」とは、愚者、分からず屋のたとえである。類義句に「猫に経」、「兎に祭文」、「牛に麝香」等。

▼夫婦喧嘩は犬も喰わない

「夫婦喧嘩とは、何でも喰うはずの犬ですら喰わない（見向きもしない）くらいにくだらぬものだ」ということが主張のポイントにあらず。その認識を前提に「だから他人は口出しせず、放っておけ」というのが、本来のメッセージ。

▼罵倒と謙遜

他人に対する侮蔑の念を表す時、あるいは相手にへりくだって話す時、犬の語を使うケースがある。例えば、武士を罵倒するのに「犬侍」と言い、自分の子どもを「犬子《けんし》」と称する。

▼似て非なるもの

本来の品種に比べ、有用性等は劣るが、たしかに外観はよく似ている。そんな植物の名前に、「犬」を冠することも多い。例えば、ムギに対するイヌムギ、ビワに対するイヌビワ等。

▼片脚を上げる理由

かつて、犬の脚は三本で五徳の脚は四本だった。歩くのに不便と犬が訴えるので、弘法大師は五徳の脚を一本取り、犬に与えた。犬が用足しの際に片脚を上げるのは、頂戴した脚を汚さぬため。

▼犬が話せなくなったわけ①

インディアンの昔話。かつて、犬は話せた。が、猟から戻るたび、飼い主のしくじりをあちこちで言いふらすため、怒った飼い主は犬の舌をぐいと引っ張った。以来、犬の舌は長く伸び、何も話せなくなった。

▼犬が話せなくなったわけ②

アイヌの昔話。かつて、犬は疱瘡神の手下として働き、人間界の動向を逐一、密かに疱瘡神へ報告していた。ある時、そのことが人間にバレてしまって灰を喰わされ、以後、話せなくなった。

▼犬が話せなくなったわけ③

台湾の昔話。かつて、犬は人間のように自在に話が出来た。ところが、嘘ばかりついて、人間を困らせる。そこで、犬は舌を引っこ抜かれ、それ以後、全く話せなくなった。

▼犬と猫の仲が悪いわけ ①

ベトナムの昔話。かつて、台所の肉がなくなった。犬は猫の仕業と訴えるが、飼い主は信じないばかりか、無実の犬を鞭で引っぱたいた。犬は怒って、猫に襲いかかるが、猫は巧みに身をかわす。

▼犬と猫の仲が悪いわけ ②

その拍子に、置いてあった壺が床へ落ちて割れた。逆上した飼い主は、またしても犬のせいだと、鞭で叩いた。この一件以来、犬と猫はいがみあったままである。

▼犬同士がにおいを嗅ぎあうわけ ①

百獣の王ライオンが、動物たちを宮殿での食事会へ招いた。ところが、今まさに肉が振る舞われようという段になって、胡椒がないことに気づいた。そこで、臣下の犬に隣町まで買いに行かせた。

▼犬同士がにおいを嗅ぎあうわけ②

犬は、ご馳走の肉を目の前にして、自分だけがお使いに出されたことが大いに不満であった。そこで、隣町で買った胡椒を宮殿へは届けず、そのまま持ち逃げしてしまった。

▼犬同士がにおいを嗅ぎあうわけ③

ライオンは激怒し、仲間の犬たちに「犯人を連れて来い。それまでお前たちには骨しか喰わせんぞ」と申し渡した。それ以来、犬たちは、胡椒のにおいのする奴がいないか、互いに嗅ぎあい、犯人を捜し続けている。

▼生類憐みの令

五代将軍綱吉が貞享二（一六八五）年から発令した殺生禁止令。元禄八（一六九五）年には、江戸の中野、四谷などに「犬小屋」（野犬収容施設）を建設。中野だけで約十万頭を飼育したという。

▼日本犬

「日本犬標準」（日本犬保存会が昭和九（一九三四）年に制定）に挙がる日本犬は、柴犬、紀州犬、四国犬、北海道犬、甲斐犬、秋田犬の六犬種。いずれも、国の天然記念物に指定されている。

▼こよりの犬

遊里などで行われた、待ち人の呪願。紙のこよりで犬の形を造り、尾に火をつける。火がうまく尾全部を焼けば待ち人が来る、と信じられた。川柳曰く「もの思ひ　こよりの犬も　痩せかたち」。

▼犬の字

幼児の額に「犬」と書く習俗は、日本では平安期に始まったようである。源流を中国の道教思想に求める説もある。「みどり子の　額に書ける　文字を見よ　犬こそ人の　まもりなりけれ」

▼いんのこ

「犬の子」が訛ったもの。むずがる乳幼児を寝かしつけるときの唱えことば。危険をいち早く察知し、不審者を吠えて追い払ってくれる犬の名を出して、子どもに近づく物の怪や魔の類を祓う。

▼犬筥《いぬばこ》

顔は小児、身体は犬をかたどった、木製ないし張り子の飾り道具。魔除けの呪具として産室に置かれたほか、雛祭りの折には雛壇に据えられることもあった。狆《ちん》という犬種がモデルか。

▼犬張り子

犬筥が犬のうずくまる姿をかたどるのに対し、犬の立ち姿を模するのが、犬張り子という玩具。江戸発祥のため、上方では東犬《あずまいぬ》とも呼んだ。初宮参りの子どもに贈られた。

▼**犬と生児 ①**

生児に初めて産着《うぶぎ》を着せる時、いったん犬に着せ（あるいは着せる真似をして）、それから生児にかぶせる地域がある。犬の生命力や辟邪性にあやかりたいという信仰の現れである。

▼**犬と生児 ②**

更に手の込んだ儀式を行う地域がある。まず、どこからか連れて来た犬を、一旦、座敷の上座につかせる。これに産着をかぶせ、その後、うやうやしく生児に着せるのである。

▼**犬と妊婦**

中国貴州省では、出産に臨んで、妊婦が飼っていた犬の肉を食べて、出産の無事を祈願する風習がある。犬の呪力を体内に取り入れ、母子の体力増強と運気の充実を図るまじないである。

▼**犬を食べる ①**

中国や韓国にくらべると、日本では、犬食文化の存在感は小さい。食文化は、歴史的・宗教的・政治的な要因が複雑に絡み合いながら形成されてきているので、安易な比較や判断は禁物である。

▼犬を食べる②

犬肉は高タンパク質食品であるのに、コレステロールは非常に少ない。ただ、犬肉は身体を温める効果があるので、熱病を患っている人は避けた方がよい。

▼犬を食べる③

漢方の諸書によれば、犬肉は滋養強壮に効果的である。黄犬を最上とし、黒犬、白犬の順に続く。黄犬は女性に良く、黒犬は男性に良いとされる。

▼犬を食べる④

犬食による寄生虫感染の可能性には、充分な注意が必要である。例えば、イヌ糸状虫には成犬の半数以上が感染しているといわ

れるし、イヌ回虫も特に子犬にはよくみられる。他には旋毛虫など。

▼ホットドッグ①

アメリカの野球場で「レッド・ホット・ダックスフント・ソーセージ」という名称で売られていたのを見た漫画家ドーガン（1877〜1929）が、ホットドッグの呼称を思いついた由。

▼ホットドッグ②

よく考えてみれば奇妙な呼称である。「ドッグ」の名を冠しているのに、ソーセージには犬肉ではなく主に牛肉が使われている。それでいて、誰ひとり、「虚偽表示でけしからん」と言わない。

▼犬には見える

無人の部屋や庭の一角に向かって、犬が急に吠え騒ぐ。そんな時、むかしの人たちは身を固くした。というのも、犬たちは、人間には見えない霊の存在に気づいて吠えるのだ、と信じていたから。

▼冥界の犬　①

生前に犬を可愛がっておけば、死後、三途の川で難渋した時に助けてくれる、という言い伝えがある。犬を冥界の番犬とみなす信仰に基づいている。

▼冥界の犬　②

かつて、棺にぬか袋を入れる風習があった。冥界に於いて、死者の魂を喰らおうとする犬に追いかけられたら、このぬか袋を放り投げて、犬がそれを舐めている間に逃げればよい、とされた。

▼水界と犬　①

犬が山中で湧水の在処を嗅ぎつけてくることから、犬を水神（ひいては、水の湧出元としての異界）の使者とみなす信仰も生まれた。中国では、優れた犬に、風雨を司る龍の名を付すことが

ある。

▼水界と犬②

雨乞の儀式の際、水神のおつかわしめである犬が捧げられることも、しばしばだった。日照りが続くと、犬が、経文等とともに、川の淵や池沼へ投じられた。

▼犬神①

中国・四国・九州の一部地域に色濃く残る俗信で、憑きものの一種。犬神筋、犬神持ちと呼ばれる特定の家系に代々憑くとされ、その家と通婚した家もまた、犬神筋になると伝わる。

▼犬神②

犬を首から上だけ出して埋め、極限まで飢えさせた挙句、食べ物を見せて首を刎ねると、首は宙を飛び、執念のあまり食べ物に喰らいつく。その首を焼き、粉にして、呪いに使うのだという。

▼**魔よけの犬①**

昔、船出しようした男が、占い師から「船の舳先には白犬を座らせておけ」と言われた。ところが、急なことで白犬が手に入らなかったので、やむなくぶち犬を捜してきて、舳先へ据えた。

▼**魔よけの犬②**

船が進むうち、男は魔物に襲われた。白犬に比べて霊力の劣るぶち犬は魔物をなんとか追いはらったものの、力尽きて死んでしまった。

男はなんとか一命をとりとめた。

▼**霊犬①**

『宇治拾遺物語』に載る話。藤原道長が造営中の法成寺に出向くと、日ごろ可愛がっていた白犬が狂ったように吠え騒ぎ、道長の衣の裾を咥えて、しきりに引っ張る。道長はいぶかしがった。

▼霊犬②

そこで、随行していた陰陽師に占わせたところ、寺の入口の土中に、道長をのろう呪物が埋められていた。白犬が主人の危難にいち早く気づき、前もって知らせてくれたのであった。

おわりに

犬好きの人や猫好きの人に、
犬猫《いぬねこ》の優劣を語らせてはいけません。
際限なく話につきあわされることになります。
ただ、不覚にも、そうした窮地に陥ってしまったら、
本書に載る話を持ち出してみて下さい。
煙に巻かれた相手が切歯扼ワンする間に、
ニャンとか遁走できることでしょう。

著者紹介

福井 栄一（ふくい えいいち）

上方文化評論家。四條畷学園大学看護学部客員教授。京都ノートルダム女子大学人間文化学部 非常勤講師。関西大学社会学部 非常勤講師。

大阪府吹田市出身。京都大学法学部卒。京都大学大学院法学研究科修了。法学修士。

日本の歴史・文化・芸能に関する講演を国内外の各地で行うほか、通算で28冊を超える研究書を出版している。剣道２段。

http://www7a.biglobe.ne.jp/~getsuei99/

犬と猫はどうして仲が悪いのか　定価はカバーに表示してあります。

2017年12月1日　1版1刷発行　ISBN978-4-7655-4251-7 C0039

著　者　福　井　栄　一
発行者　長　滋　彦
発行所　技報堂出版株式会社
〒101-0051　東京都千代田区神田神保町1-2-5
電　話　営　業（03）（5217）0885
　　　　編　集（03）（5217）0881
　　　　F A X（03）（5217）0886
振替口座　00140-4-10
http://gihodobooks.jp/

日本書籍出版協会会員
自然科学書協会会員
土木・建築書協会会員
Printed in Japan

装幀：田中邦直　イラスト：ふくしみさと　印刷・製本：愛甲社